BEI GRIN MACHT SICH IHR WISSEN BEZAHLT

- Wir veröffentlichen Ihre Hausarbeit, Bachelor- und Masterarbeit

- Ihr eigenes eBook und Buch - weltweit in allen wichtigen Shops

- Verdienen Sie an jedem Verkauf

Jetzt bei www.GRIN.com hochladen und kostenlos publizieren

Bibliografische Information der Deutschen Nationalbibliothek:

Die Deutsche Bibliothek verzeichnet diese Publikation in der Deutschen National-
bibliografie; detaillierte bibliografische Daten sind im Internet über http://dnb.d-
nb.de/ abrufbar.

Impressum:

Copyright © 2018 GRIN Verlag
Druck und Bindung: Books on Demand GmbH, Norderstedt Germany
ISBN: 9783668811997

Dieses Buch bei GRIN:

https://www.grin.com/document/443760

Lisa von Wachter

Das Elektroauto. Ein Zukunftsmodell für jeden in Deutschland?

GRIN Verlag

Seminarfach „Brennpunkt Zukunft-Agenda 2030"
Aalen, 09/2018

Das Elektroauto - ein Zukunftsmodell für jeden in Deutschland?

Lisa von Wachter

Inhaltsverzeichnis

Abkürzungsverzeichnis

Akku	Akkumulator
BEV	Battery Electric Vehicle
CCS	Combined Charging System, Schnellladestecker
CHAdeMO	Ocha demo ikaga desuka (Japanischer Schnellladestecker)
CO_2	Kohlendioxid
EnBW	Energie Baden Württemberg
g/km	Gramm pro Kilometer
GW	Gigawatt
NEFZ	Neuer europäischer Fahrzyklus
km	Kilometer
kW	Kilowatt
PKW	Personenkraftwagen
SUV	Sport Utility Vehicle
Typ 2	Wechselstromladestecker
UPS	United Parcel Service

1. Einleitung

Eine Million Elektrofahrzeuge im Jahr 2020 war das angestrebte Ziel der Bundesregierung. Bisher fahren nur 53.861 reine Elektroautos in Deutschland (Stand 01.01.2018).[1] Hersteller müssen aber immer mehr auf Elektrotechnik setzen, um die Obergrenze des erlaubten CO_2 Ausstoß für PKWs nicht zu überschreiten. Diese Obergrenze wird von der Politik nochmal weiter herabgesetzt, um den CO_2 Ausstoß im Verkehr zu reduzieren.[2] Autos mit Verbrennungsmotoren werden diese zukünftigen Werte nicht einhalten können.[3] Die Bedeutung des Elektroautos in der Zukunft ist deshalb ein immer häufiger diskutiertes Thema in den Medien, der Politik und der Wirtschaft. Um die Energiewende voran zu bringen, fordert Lienkamp ein dringendes Umdenken in der Autonutzung. Mit der Aussage „Weil ich einmal im Jahr in Urlaub fliege, habe ich keinen Airbus im Garten stehen"[4] versucht er seine Zuhörer davon zu überzeugen, dass ein Elektroauto nicht 1000 km am Stück fahren muss, wenn es vorrangig für die Stadt gebraucht wird.

Ob das Elektroauto mit seinen Vor- und Nachteilen ein Zukunftsmodell für jeden in Deutschland sein wird, ist die Leitfrage meiner Seminararbeit.

Am Anfang möchte ich einen Überblick über das Thema Elektroauto geben und die aktuelle Situation in Deutschland beschreiben. Hierbei prüfe ich u.a. die Nachhaltigkeit der Elektroautos. Sind sie wirklich so ökologisch, wie die Befürworter immer sagen?

Anschließend beschäftige ich mich mit dem wichtigen Thema der Reichweite, die oft als unzureichend bezeichnet wird. Auch die Situation der Ladeinfrastruktur heute und in der Zukunft werde ich erläutern. Ist die Ladeinfrastruktur schon ausreichend, und was muss in Zukunft verändert werden?

Die Kostenfrage spielt eine relevante Rolle und ist für viele Käufer ein wichtiger Entscheidungspunkt. Wann werden Elektroautos genauso viel oder sogar weniger kosten als Autos mit Verbrennungsmotoren? Wer wird in Zukunft wann auf ein Elektroauto umsteigen? Diese Fragen und weitere werde ich im Themenbereich Zukunftsfähigkeit des Elektroautos behandeln.

Der Inhalt meiner Untersuchung beschränkt sich auf Elektromobilität im Bereich PKW. Zudem werde ich nur auf die Entwicklung, die sinnvolle Nutzung von reinen Elektroautos und deren Zukunftschancen in Deutschland eingehen und den globalen Wandel außen vorlassen. Wasserstofffahrzeuge sowie Hybridfahrzeuge werden nicht berücksichtigt.

---

[1] Vgl. Kraftfahrt-Bundesamt, 2018
[2] Vgl. Karle, Anton, 2016, S. 169
[3] Vgl. Karle, Anton, 2016, S. 169
[4] Lienkamp, Markus, 2017

2. Elektroautos – aktueller Stand

Das Automobil wurde am Ende des 19. Jahrhunderts erfunden. Damals wurden nicht nur Verbrennungsmotoren entwickelt und gebaut, sondern zeitgleich auch Elektroautos. Das erste praxistaugliche Elektroauto wurde 1900 in Paris der Öffentlichkeit vorgestellt. Dieses Auto konnte bis zu 50 km weit fahren.[5] Aufgrund der beschränkten Reichweite konnte diese Technologie mit den Verbrennungsmotoren nicht mithalten und ist deshalb nicht weiter verfolgt worden. Mit der Erfindung des Lithium-Akkus 1991 wurde die Grundlage für einen erneuten Aufschwung der Elektromobilität geschaffen.[6] Experten nennen das Jahr 2011 als offiziellen Marktstart des Elektroautos, da damals das erste moderne Modell, Nissan Leaf, in größerer Serie produziert und verkauft wurde, und die Bevölkerung sowie die Medien aufmerksam wurden.[7]

Das Grundprinzip ist bei allen Elektroautos gleich: Statt eines Benzintanks und eines Verbrennungsmotors verfügen sie über eine Batterie, die über einen Stromanschluss aufgeladen wird. Durch die gespeicherte elektrische Energie wird ein Elektromotor angetrieben und das Auto fortbewegt.

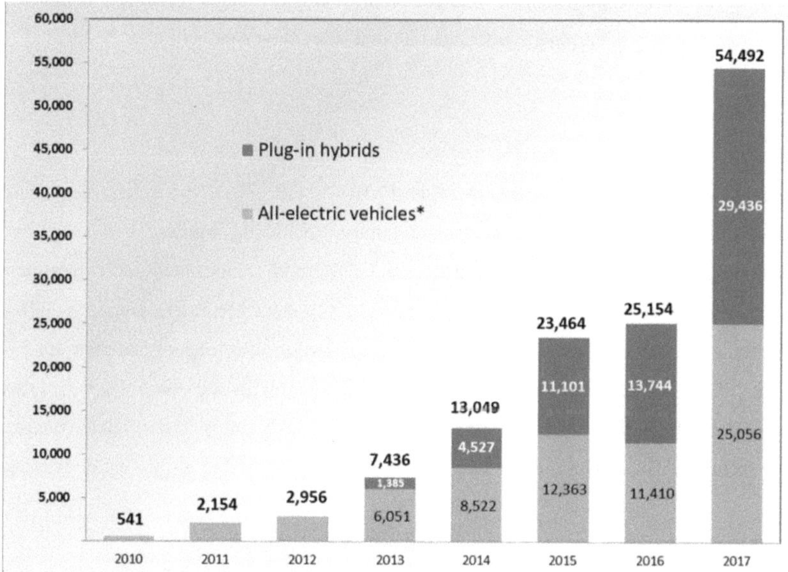

Abb. 1: Elektroauto- und Plug-in-Hybrid-Absatz in Deutschland zwischen 2010 und 2017[8]

[5] Vgl. Karle, Anton, 2016, S.19
[6] Vgl. Karle, Anton, 2016, S.20
[7] Vgl. Randoll, Richard, 2017
[8] Duran Ortiz, Mario Roberto, 2018

Heute fahren 53.861 reine Elektro-Pkws auf deutschen Straßen (Bestand am 01.01.2018). Allein im Jahr 2017 waren es 25.056 Neuzulassungen (+119,6 %)[9] (s. Abb. 1). Im Verhältnis zu allen Neuzulassungen im vergangen Jahr mit 3,44 Millionen PKWs in Deutschland ist ihr Anteil aber noch sehr gering.[10]

Diejenigen, die sich für einen Kauf entscheiden, müssen trotzdem zwischen drei und zwölf Monaten auf ihren Neuwagen warten. Trotz geringer Nachfrage ist das Angebot der Industrie nicht ausreichend. Inzwischen gibt es jedoch schon 26 Modelle in Deutschland zu kaufen.[11] Diese verfügen über Reichweiten nach dem neuen europäischen Fahrzyklus (NEFZ) von 150 km bis 632km.[12]

Elektrofahrzeuge bieten heute eine hohe Sicherheit. „Reine Stromer weisen dank der kompakten Bauweise von Elektromotoren eine deutlich größere Knautschzone im Frontbereich auf. Das flach im Fahrzeugboden untergebrachte Batteriepaket sorgt zudem für eine hohe strukturelle Integrität des Fahrzeugs."[13] Tesla ist laut der National Highway Traffic Safety Administration (NHTSA) das sicherste SUV.[14]

Zudem ist das Elektroauto deutlich leiser. Autolärm wird oft in Wohnsiedlungen an Autobahnen und in großen Innenstädten beklagt und führt zu gesundheitlichen Schäden.[15]

3. Umweltbilanz von Elektroautos

Um den Klimawandel zu verzögern, muss der CO_2-Ausstoß in die Atmosphäre verringert werden. „Aber nicht nur die Stromerzeugung muss nachhaltig werden. Vor allem der Verkehrssektor bremst das CO_2-Einsparpotenzial. Während Deutschland seine gesamten CO_2-Emissionen zwischen 1990 und 2014 um fast 28 Prozent verringern konnte, schaffte der Verkehrssektor im selben Zeitraum eine vergleichsweise sehr magere Senkung um 2,6 Prozent."[16] In den letzten 4 Jahren kam es sogar zu einem Anstieg von 1,8%.[17] Um das Problem der Nachhaltigkeit im Verkehr zu lösen sind Elektroautos in den letzten Jahren immer mehr im Bewusstsein und sollen in naher Zukunft weiterhin an großer Bedeutung

---

[9] Vgl. Kaftfahrt-Bundesamt, 2018
[10] Vgl. Kaftfahrt-Bundesamt, 2018
[11] Vgl. Köslich, Dietmar / Mayer, Andreas, 2017, S.91-94
[12] Vgl. Köslich, Dietmar / Mayer, Andreas, 2017, S.91-94
[13] o.V., 2018c
[14] Vgl. o.V., 2017g
[15] Vgl. Karle, Anton, 2016, S.24
[16] Neißendorfer, Michael, 2017
[17] Vgl. Bundesministeriums für Umwelt, Naturschutz, Bau und Reaktorsicherheit, 2017b

gewinnen. Viele Kritiker bezweifeln, dass das Elektroauto überhaupt ökologischer ist und somit eigentlich keine Hilfe in der Energiewende leisten kann.

Es wird oft behauptet, dass bei der Produktion des Stroms mehr Emissionen anfallen als bei Fahrzeugen mit Verbrennungsmotoren. Außerdem wird kritisiert, dass die Herstellung der Batterie sehr energieaufwendig ist, und so der Vorteil gegenüber Verbrennern wieder aufgehoben wird.

Es gibt viele Untersuchungen bezüglich dieses Themas, doch basieren sie auf unterschiedlichen Voraussetzungen, weshalb ihre Ergebnisse voneinander abweichen.

Nach einem Artikel im Spektrum der Wissenschaft beträgt der CO_2 - Ausstoß pro Produktion einer Batterie ca. fünf Tonnen CO_2.[18] Eine Studie vom International Council on Clean Transportation (ICCT) hat berechnet, dass schon heute nach 1,5- 2 Jahren das Elektroauto diesen Nachteil wieder eingeholt hat. Wird ein Stromer mit dem heute durchschnittlichem deutschen Strommix geladen, so ist er über seine Lebensdauer 30% sauberer als die derzeit effizientesten Verbrenner.[19]

Eine andere Studie hat den Elektro-SUV Tesla ModelXP100D mit dem Kleinwagen Ford Fiesta verglichen, um zu beweisen, dass das Elektroauto ökologischer ist, trotz des Klassenunterschiedes. „Über eine Laufzeit von 175.000 Kilometern verursacht der Tesla - in dem bis zu sieben Personen Platz finden - den Berechnungen zufolge einen Kohlendioxid-Ausstoß von 35 Tonnen. Der fünfsitzige Fiesta kommt auf 39 Tonnen."[20] Laut den Wissenschaftlern vom Massachusetts Institute of Technology hat das Elektroauto, hier Tesla, einen deutlich größeren CO_2-Ausstoß bei der Herstellung mit 13 Tonnen und der Fiesta nur 5 Tonnen. Auf 175.000 km verbraucht der Tesla, beeinflusst durch den deutschen Strom mix, 22 Tonnen, der Fiesta im Vergleich 34 Tonnen. Daraus folgt, dass der Tesla nach Zurücklegen dieser Strecke ökologischer ist.[21] Der Strommix wurde 2016 mit 527g CO_2 je kWh vom Umweltbundesamt ermittelt[22]. Doch gibt es auch Elektroautos mit deutlich geringerem Verbrauch, wie zum Beispiel der Hyundi Ioniq mit nur11,5 kW/100km.[23] Damit verringert sich die zu fahrende Strecke, bis das Elektroauto umweltfreundlicher ist.

Ob Elektroautos klimafreundlich fahren, hängt in hohem Maße von dem genutzten Strom ab. Je höher der Anteil an regenerativen Energien im Strommix ist, umso umweltfreundlicher ist die Stromgewinnung.

---

[18] Vgl. Schrader, Christopher, 2017
[19] Vgl. Hall, Dale/ Lutsey, Nic, 2018
[20] Sorge, Nils-Viktor,2017
[21] Vgl. Sorge, Nils-Viktor,2017
[22] Vgl. Umweltbundesamt, 2017
[23] Vgl. Köslich, Dietmar / Mayer, Andreas, 2017, S.

In einer ganz aktuellen Studie hat der ADAC unterschiedliche Diesel, Benziner, Erdgas, Autogas-Pkw sowie Hybride und Plug-in-Hybride in Kleinwagen, Kompakt- und obere Mittelklasse eingeteilt und bei einer Gesamtlaufleistung von 150.000 km miteinander verglichen. Das Elektroauto in der Kompaktklasse hat die beste Ökobilanz, auch bei Nutzung des deutschen Strommixes mit 22,5 Tonnen CO_2. Würde der Strom ausschließlich aus erneuerbaren Energien stammen, wären es sogar nur 10 Tonnen CO_2. Am meisten Kohlendioxid wird laut dem ADAC von Benzinern mit 30 Tonnen CO_2 ausgestoßen. Damit amortisiert sich das E-Auto schon nach etwa 45.000 km gegenüber dem Benziner. Bei Zweitwagen mit weniger gefahrenen Kilometern sowie bei der oberen Mittelklasse ist der Automobilclub zum Ergebnis gekommen, dass diese heute noch keinen großen ökologischen Vorteil bieten können. Die Berechnungen der Studie des ADAC basieren auf dem deutschen Strommix von 2013 mit einem Anteil von 23 Prozent regenerativer Energien. Dieser Anteil soll nach den aktuellen Zielvorgaben auf bis zu 45% bis 2025 steigen. [24] Somit nimmt die Klimafreundlichkeit von Elektroautos jährlich zu und wird in Zukunft deutlich verbessert.[25] Auch die Grafik vom Bundesumweltministerium bestätigt, dass schon heute Elektroautos weniger CO_2 ausstoßen (s. Abb. 2).

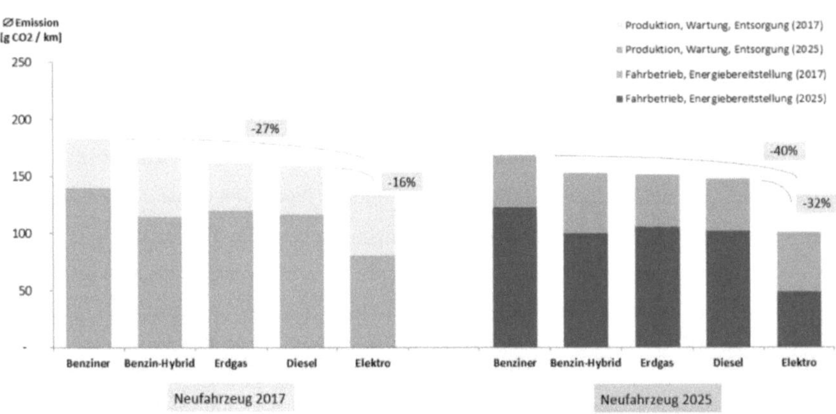

Abb. 2: CO_2-Emissionen pro Fahrzeugkilometer über den gesamten Lebenszyklus, links für ein Fahrzeug, das 2017 neu zugelassen wird, rechts für eines, das 2025 neu auf die Straße kommt.[26]

---

[24] O.V., 2018a
[25]Vgl. Bundesministeriums für Umwelt, Naturschutz, Bau und Reaktorsicherheit, 2017b
[26] Bundesministeriums für Umwelt, Naturschutz, Bau und Reaktorsicherheit, 2017a

Dabei wurden einerseits die Produktion, die Wartung, sowie die Entsorgung berücksichtig und anderseits der Fahrbetrieb sowie die Energiebereitstellung.[27]

Neben dem Energieverbrauch bei der Produktion und Nutzung eines Elektroautos müssen auch die Herstellungsbedingungen und deren Umweltbelastungen beachtet werden. In vielen Akkus wird Kobalt verwendet. Dieses Metall wird hauptsächlich in der Demokratischen Republik Kongo abgebaut.[28] Die Gewinnung wird oft mit Kinderarbeit in Verbindung gebracht. Dieser Bezug ist durchaus berechtigt, trifft aber nicht auf den gesamten Abbau zu. 80% des Kobalts im Kongo entsteht als Nebenprodukt von staatlichem Kupferabbau ohne Kinderarbeit. 20% werden in kleinen, von Familien betriebenen Bergbauunternehmen abgebaut. Hier werden oft Kinder zum Arbeiten mitgenommen.[29] Zudem wird nur 42% des abgebauten Kobalts für Akkus verwendet. Der größere Teil wird in der Industrie für andere Produkte wie Hochleistungslegierungen, Magnete oder auch in Farben verarbeitet.[30] Das Recyceln von Kobalt in einem Akku gelingt viel leichter als bei den anderen genannten Produkten, da dieser im Akku viel höher konzentriert ist.[31] Die Verwendung von Kobalt ist trotzdem unbefriedigend im Zusammenhang mit der Elektromobilität. Auf Grund dessen wird in Zukunft versucht, Akkus zu entwickeln, in denen kein Kobalt enthalten ist.[32]

Ein weiterer Problemstoff ist Neodym. Neodym gehört zu den so genannten „seltenen Erden" und wird zur Herstellung von Magneten verwendet. Diese Magneten sind Bestandteil in Elektromotoren. Gefördert wird Neodym in China.[33] „Abbau und Aufbereitung gelten als sehr umweltschädlich, weil radioaktive Abfallprodukte entstehen."[34] Doch nicht alle Modelle haben Motoren, die seltene Erden enthalten. Die Motoren von Tesla und von Renault enthalten diese z.B. nicht.[35] BMW forscht gerade an einer Methode, Elektromotoren ohne seltene Erden herzustellen.[36]

Lithium wird auch in den Akkus verwendet. Es ist allerdings nicht so problematisch in der Produktion und lässt sich gut recyceln, mit einer Zurückgewinnung von 95%. Außerdem ist das Land mit der größten Förderung Australien, welches im Verhältnis zum Kongo deutlich bessere Rahmenbedingungen hat.[37]

---

[27]Vgl. Bundesministeriums für Umwelt, Naturschutz, Bau und Reaktorsicherheit,2017a
[28] Vgl. Al Barazi, Siyamend / Näher, Uwe / Vetter, Sebastian u.a., 2017, S.1
[29] Vgl. Amnesty International, 2017, S. 16
[30] Vgl. Al Barazi, Siyamend / Näher, Uwe / Vetter, Sebastian u.a., 2017, S.2
[31] Vgl. Greenpeace, 2017
[32] Vgl. Lienkamp, Markus 2016
[33] Vgl. Öko-Institut e.V., 2011
[34] Tuil, Marie, 2015
[35] Vgl. Rössel, Conrad, 2018
[36] Vgl. o.V, 2017f
[37] Vgl. Rössel, Conrad, 2018

Im Vergleich der Umweltverträglichkeit von Elektro- zu Verbrennungsmotoren haben die Verbrenner zwar kein Kobalt und Neodym, dafür aber das sehr umweltschädliche Platin in den Katalysatoren. Dieses befindet sich nicht in Elektromotoren.[38]

Die Effizienz eines Autos hängt auch von dem Wirkungsgrad des Motors ab, d.h. wie effektiv Energie in Leistung umsetzt wird. Der Wirkungsgrad eines Elektromotors ist mit 90-95% deutlich effektiver als der eines Verbrennungsmotors mit 20-40%.[39]

Auch beim Bremsen wird Energie zurück gewonnen, was die Effizienz nochmals erhöht (Rekuperation).[40] Durch diese Rekuperation produzieren Elektroautos auch weniger Feinstaub beim Bremsen. Gerade Feinstaub belastet die Umwelt und führt in Ballungsgebieten zu gesundheitlichen Gefährdungen und Folgeschäden.[41]

Zusammengefasst ist das Elektroauto zwar heute bei Weitem noch nicht 100% ökologisch. Betrachtet man die gesamte Lebensdauer eines Elektroautos, ist es aber heute schon umweltfreundlicher als herkömmliche PKWs. Durch die ständige Verbesserung des Strommixes wird die Umweltfreundlichkeit noch deutlich steigen, und Elektroautos haben in Zukunft ein großes Potenzial, den Verkehr emissionsärmer zu gestalten.[42]

4. Reichweite von Elektroautos

Die Reichweite ist ein häufig genannter Grund, warum der Kauf eines Elektroautos abgelehnt wird. Die begrenzte Reichweite wird oft als negatives Argument angebracht, und Elektroautos werden als noch nicht alltagstauglich und unpraktisch dargestellt. Doch hier stellt sich wieder die Frage: Brauche ich wirklich einen „Airbus im Garten, wenn ich nur einmal im Jahr in Urlaub fahre?"[43] Wie weit können Elektroautos eigentlich heute schon fahren? Zunächst einmal muss man sich natürlich überlegen, wie weit ein Elektroauto fahren sollte, damit es für jeden geeignet ist. Rein verkehrssicherheitstechnisch wird empfohlen, alle 3-4 Stunden während des Autofahrens eine Pause von mindestens 15 Minuten zu machen.[44] In dieser Zeit fährt man im Durchschnitt ca. 400 Kilometer. Daraus ergibt sich, dass eine Reichweite von 400-500 Kilometer ausreichend wäre. In den 15 Minuten Pause

---

[38] Vgl. Freistetter, Florian, 2012
[39] Vgl. Köslich, Dietmar / Mayer, Andreas, 2017, S.83
[40] Vgl. Karle, Anton, 2016, S.20
[41] Vgl. Karle, Anton, 2016, S.168
[42] Vgl. Schrader, Christopher, 2017
[43] Lienkamp, Markus, 2016
[44] Vgl.Hempel, Christopher, 2008

müsste man das Auto dann wieder aufladen können. Somit würden längere Strecken in guter Zeit machbar sein. Wenn man Personen befragt mit welcher Reichweite sie sich ein Elektroauto zulegen würden, wird oft 300 bis 500 km angegeben.[45]

Heute können Elektroautos laut NEFZ zwischen 150 km bis 632 km weit fahren.[46] Hier ist zu beachten, dass es große Unterschiede zwischen der Realität und den NEFZ Angaben gibt. Die Reichweite ist abhängig von der Fahrweise, der Geschwindigkeit und Benutzung der Klimaanlage bzw. Heizung. Zudem ist die Leistung der Batterie temperaturabhängig. Im Sommer kann man weiter fahren als im Winter.

Das Tesla Model S hat eine theoretische Reichweite von 632 km, der Opel Ampera-e hat eine Reichweite von 520 km. In der Realität kommen beide ungefähr 400 km weit.[47] Doch ist hier der Preis zu beachten. Nicht jeder kann sich einen Tesla leisten. Autos in der Kompaktklasse können bereits in der Realität 200-300 km weit fahren (z.B. Renault Zoe, Nissan Leaf, VW e-Golf, Hyundai Ioniq Elektro).[48] Die optimale reale Reichweite ist bisher noch nicht vorhanden. Doch kann man davon ausgehen, dass sich die Kapazität der Batterien und damit die Reichweite weiter vergrößern wird.[49] Samsung möchte 2021 einen Akku in Massenproduktion auf den Markt bringen, der die Ladezeit auf 20min halbiert und damit eine reale Reichweite von 500km ermöglicht.[50] Der erste Zoe von Renault hatte 2013 eine Reichweite von 210 km, das neueste Modell kommt bereits 400 km weit laut NEFZ.[51] Wird also in Zukunft die entsprechende Reichweite von ca. 500 km bei angemessenem Preis erreicht, ist das Elektroauto selbst für Langstrecken genauso gut brauchbar wie Autos mit Verbrennungsmotoren. Diese Reichweite kündigen weitere Hersteller wie Audi und Jaguar noch für 2018 und Volkswagen und Mercedes für 2020 an.[52]

Doch nicht jeder fährt mit seinem Auto täglich 500 km. Die meisten Autofahrer fahren täglich meist weniger als 50 km mit dem Privatwagen.[53] Somit sind die meisten Fahrten heute schon mit einem Elektroauto möglich, vor allem im innerstädtischen Gebrauch.

---

[45] Vgl. Knauer, Michael 2017
[46] Vgl. Köslich, Dietmar / Mayer, Andreas, 2017, S.91-94
[47] Vgl. Köslich, Dietmar / Mayer, Andreas, 2017, S.91-94
[48] Vgl. Köslich, Dietmar / Mayer, Andreas, 2017, S.91-94
[49] Vgl. Maehner, Julia, 2017
[50] Maehner, Julia, 2017
[51] Vgl. Köslich, Dietmar / Mayer, Andreas, 2017, S.91-94
[52] Vgl. o.V., 2017e
[53] Vgl. Karle, Anton, 2016, S.17

5. Laden und Ladeinfrastruktur

Potenzielle Käufer kritisieren auch, dass die Ladeinfrastruktur zu grobmaschig ist. Es seien nicht genügend Ladesäulen vorhanden. Dieser Punkt ist der erste Teil des Henne-Ei Problems, welches in der Presse immer wieder diskutiert wird. Dieses Prinzip wird in vielen Bereichen verwendet und geht der Frage nach, was zuerst da war. Die Henne oder das Ei? Dieses Prinzip lässt sich auch auf die Elektromobilität anwenden.[54]

Bisher ging der Ausbau der Ladeinfrastruktur nur schleppend voran. Für Stromanbieter oder Ladesäulenbesitzer lohnt es sich nicht, noch mehr in den Ausbau der Ladeinfrastruktur zu investieren, Ladesäulen zu installieren und das Netz weiter auszubauen, solange es wenig Elektroautos auf den Straßen gibt. Die Einnahmen durch den Verkauf von Ladestrom sind zu gering; es rentiert sich noch nicht. Doch solange es wenig Ladestationen gibt, ist der Verkauf von E-Autos erschwert. Die mangelnde Infrastruktur schreckt viele Interessenten ab. Die Autoindustrie sieht keinen Bedarf, vermehrt Elektroautos anzubieten. Dadurch werden das Wachstum der Ladeinfrastruktur und der Ausbau der Elektromobilität gehemmt.[55] Diese öffentliche Diskussion hält potenzielle Käufer davon ab, sich ein Elektroauto zu kaufen, aus „Reichweitenangst" und der Vorstellung einer nicht ausreichenden Infrastruktur. Doch wenn man sich genauer mit dem Thema befasst, wird deutlich, dass schon heute die Ladeinfrastruktur in Deutschland für alltägliche Anwendungen ausreichend ist.

Bereits 11.123 Ladestationen mit 32.038 Ladepunkte sind im Stromtankstellen Verzeichnis von GoingElectric im März 2018 in Deutschland aufgeführt. Die Zunahme der dort gelisteten Ladeinfrastruktur von 2012 bis heute verdeutlicht die Grafik von GoingElectric[56] (s. Abb. 3).

---

[54] Vgl. Rudschies, Wolfgang/ Kroher, Thomas, 2017
[55] Vgl. Rudschies, Wolfgang/ Kroher, Thomas, 2017
[56] Vgl. GoingElectric, Stromtankstellen Statistik.2018

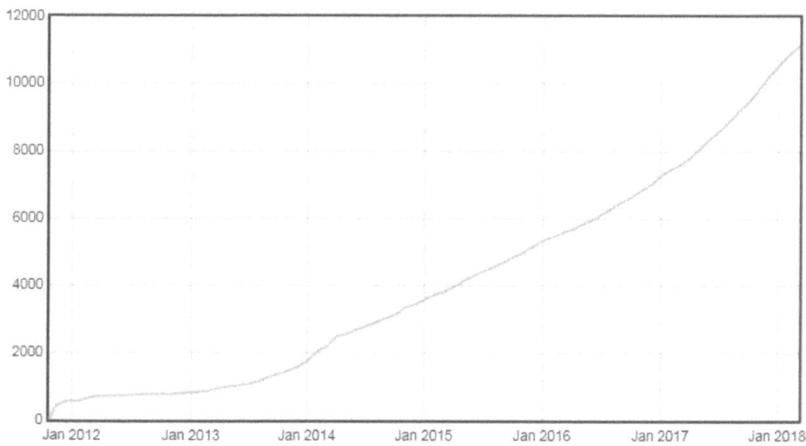

Abb. 3: Zunahme der Ladestationen in Deutschland.[57]

Zur Veranschaulichung: In Aalen gibt es 10 Ladestationen mit insgesamt 32 Ladesäulen.[58] Die meisten Anschlüsse sind Wechselstromanschlüsse mit Typ 2 Steckern (2013 von der Europäischen Union als Standard festgelegt). Dieser ist ein einheitlicher Stecker, über den alle Elektroautos verfügen. Damit kann das Elektroauto an der Wallbox zu Hause, bei der Arbeit und an allen öffentlichen Ladesäulen geladen werden. Die Aufladegeschwindigkeit variiert zwischen zwei und zehn Stunden. Es ist auch möglich, das Auto an der Haushaltsteckdose zu laden. Dies dauert allerdings dann eine ganze Nacht.[59] Fahrten zum Arbeitsplatz, zum Einkaufen oder zu Aufenthalten mit langer Pause sind optimale Nutzungen. Zur direkten Weiterfahrt, können diese Wechselstromanschlüsse nicht dienen. Dafür bedarf es Gleichstrom-Schnellladestationen. Diese sind allerdings noch nicht weit verbreitet und hauptsächlich an Autobahnen aufzufinden. Nur 10% der Ladestationen sind Gleichstrom Schnellladestationen.[60] In Deutschland gibt es dafür drei verschiedene Steckersysteme, der europäische CCS Stecker, der japanische CHAdeMO Stecker und der Tesla-Charger.[61] Die Ladegeschwindigkeit der Schnellladestationen liegt für 100 km Fahrleistung heutzutage bei 20 Minuten, bei Tesla-Ladesäulen bei 10 Minuten.[62] Die durchschnittlichen Ladezeiten sind noch zu lang, um nur in einer Kaffeepause von ca. 15

---

[57]Vgl. GoingElectric, Stromtankstellen Statistik.2018
[58]Vgl. Industrie- und Handelskammer, 2018
[59] Vgl. Karle, Anton, 2016, S.97
[60] Vgl. Karle, Anton, 2016, S.101
[61] Vgl. Karle, Anton, 2016, S.101
[62] Vgl. Karle, Anton, 2016, S.99

Minuten die Batterie komplett aufzuladen. Somit ist ein direktes Weiterfahren derzeit noch nicht möglich. Gerade diese Problematik muss in Zukunft verbessert werden. Trotzdem ist es auch schon heute möglich, längere Fahrten mit entsprechenden Pausen zurückzulegen. Auf Webseiten wie GoingElectric.de, plugfinder.de und e-tankstellen-finder.com sind alle Ladesäulen deutschlandweit angezeigt.

Auch Großeinkaufsmärkte, wie Aldi, Ikea, BayWa oder Kaufland bieten an ihren Parkplätzen kostenlose Ladestationen an. Aldi Süd und Rewe verfügen deutschlandweit bereits an 100 Geschäften über Lademöglichkeiten.[63]

Der Bundesverband E-mobilität berichtet, dass 85% der Elektroautos zu Hause aufgeladen werden.[64] Dadurch ist der Bedarf von öffentlichen Ladestationen in Zukunft kleiner als das herkömmliche Tankstellennetz.

Laut European Alternative Fuels Observatory ist die Ladeinfrastruktur heute schon sehr gut. In Deutschland kommen auf eine Ladestation 3 Elektroautos. In Norwegen, zum Vergleich, sind es 14 Elektroautos auf eine Ladestation.[65]

Auch das Projekt LADEN2020 hat den Bedarf für Ladesäulen 2016 gründlich analysiert und dargestellt. Die Untersuchung kam zu dem Ergebnis, dass der Ladeinfrastrukturbedarf für eine Million Elektrofahrzeuge in Deutschland circa 33.000 öffentliche- und halböffentliche Ladepunkte für den Alltagsverkehr, sowie circa 2.600 öffentliche Ladepunkte für den Fernverkehr und etwa 4.000 Schnellladepunkte beträgt.[66] In Deutschland gibt es jetzt schon 32.038 Ladesäulen.[67] Somit wäre dieser errechnete Bedarf heute fast komplett abgedeckt, obwohl es noch keine Million Elektroautos in Deutschland gibt.

Die Nationale Plattform Elektromobilität (NPE) hingegen hat für 2020 einen Bedarf von 70.000 öffentlichen Ladepunkte und 7.100 Schnellladesäulen ermittelt.[68] Dieser Unterschied zwischen den beiden Berechnungen zeigt, dass es schwer abzuschätzen ist, wie viele Ladesäulen in Zukunft wirklich benötig werden. Unabhängig davon wollen Politik und Industrie weiter am Ausbau des Ladenetzes arbeiten.

5.1. Interesse von Politik und Wirtschaft

Es besteht ein Bestreben der Politik und der Industrie, die Ladeinfrastruktur zu verbessern. Der Bund hat im Mai 2016 zur Unterstützung des Aufbaus der Ladeinfrastruktur 300

---

[63] Vgl. Vieweg, Christof, 2017
[64] Vgl. Nagel, Anna, 2014, S.23
[65] Vgl. European Alternative Fuels Observatory, 2018
[66] Anderson, John E., 2016
[67] GoingElectric, 2018
[68] Bläske, Gerd, 2018

Millionen Euro zu Verfügung gestellt: 200 Millionen Euro für den Aufbau von etwa 5.000 öffentlichen Schnellladestationen in Metropolen und an Fernstraßen und 100 Millionen Euro für 10.000 Normalladestationen.[69] „Ziel ist der Aufbau einer flächendeckenden Ladeinfrastruktur mit bundesweit 15.000 Ladesäulen", so das Bundesministerium für Verkehr und digitale Infrastruktur.[70]

Die Automobilindustrie versucht nach anfänglichem Zögern nicht nur in die Entwicklung und in den Verkauf von Elektroautos zu investieren sondern auch gerade die Ladeinfrastruktur auszubauen und zu unterstützen.[71] Es haben sich deutsche Unternehmen wie Daimler, Volkswagen, BMW und Ford zu einem Joint Venture zusammengeschlossen. Sie planen ein Netzwerk von 400 „ultraschnellen Ladestationen" an den Hauptverkehrsstraßen von Europa mit einer Ladeleistung von bis zu 350 kW.[72] Damit wäre ein großer Akku mit 100 kWh in ca. 20min aufgeladen. Diese Autos, die so schnell laden können, müssen erst noch produziert werden. „Doch die Vision der Autoindustrie ist klar: Das Laden soll ähnlich bequem werden wie herkömmliches Tanken. Audi-Chef Rupert Stadler formuliert es so: Wir wollen ein Netz schaffen, mit dem unseren Kunden für das Nachladen auf längeren Fahrten eine Kaffeepause reicht."[73]. Dieser Plan soll schon 2020 realisiert und abgeschlossen sein. Denn gerade die Hersteller sehen in der Ladestreckentauglichkeit einen „wichtigen Schritt, um sie im Massenmarkt zu etablieren".[74] Unternehmen der Energiewirtschaft haben bisher rund 100 Mio. Euro in die Ladeinfrastruktur investiert. Bis Ende des Jahres soll sich der Betrag auf 300 Mio. Euro erhöhen. Insgesamt will die deutsche Industrie etwa 750 Mio. Euro bis Ende 2018 in den Ausbau des Netzes investiert haben. Auch die ENBW-Tochter Netze BW investiert 500 Mio. Euro in den Netzausbau.[75]

„An Autobahnen und Raststätten ist der Einsatz von Schnellladesäulen unumgänglich", sagt der Präsident des Bundesverbands eMobilität (BEM)[76], Kurt Sigl. Er ist auch der Ansicht, dass die Einrichtung von Mobilitätspunkten, z.B. Pendlerparkplätze mit Lademöglichkeiten für Wechselstrom, sinnvoll ist. „Um die Akzeptanz und Kaufbereitschaft signifikant zu erhöhen, fordert Sigl bei der Standortplanung von Ladepunkten zudem sowohl das Nutzerverhalten als auch der Wohnort und der Arbeitsplatz von Elektrofahrzeughaltern und

---

[69] o.V., 2017d
[70] o.V., 2017d
[71] Vgl. o.V., 2017d
[72] Vgl. o.V., 2017d
[73] o.V., 2017d
[74] o.V., 2017d
[75] Bläske, Gerd, 2018
[76] o.V., 2017d

Kaufinteressierten mit einzubeziehen. Auch so könnte die Sorge wegen langer Ladezeiten den Kunden von morgen genommen werden." [77]

Daraus folgt, dass es mehr Ladesäulen gibt, als für den momentanen Bedarf nötig sind. Deutschland ist damit für die Zukunft gut aufgestellt. Die Infrastruktur der Schnellladesäulen und die Aufladegeschwindigkeit sind allerdings noch nicht zufriedenstellend, um lange Strecken reibungslos fahren zu können.

5.2. Auswirkung des Ladens auf das Stromnetz

Wenn die Zunahme der Elektroautos in Zukunft laut Politik und Industrie steigen soll und in naher Zukunft vielleicht nur noch elektrische Neuwagen erlaubt sind, kommt es oft zur Diskussion, ob das Stromnetz diese Belastung überhaupt aushält.

Allgemein stellen Elektroautos keine Gefahr für das Stromnetz da, auch nicht bei deutlicher Zunahme der Anzahl. Zunächst einmal werden nie alle Autos gleichzeitig geladen. Sigl sagt, dass Autos den größten Teil ihrer Lebensdauer nicht in Benutzung sind. "Das durchschnittliche Auto in Deutschland fährt laut Kraftfahrtbundesamt 14 000 Kilometer im Jahr, das sind knapp 40 Kilometerm, beziehungsweise eine Stunde Fahrzeit am Tag." [78]

"Im Schnitt steht ein Auto also 23 Stunden am Tag, das lässt viel Zeit zum Nachladen." [79]

Der steigende Stromverbrauch durch Elektrofahrzeuge wird kein Problem in Zukunft sein. „Ein modernes Windrad erzeugt sogar in bayerischen Leichtwindgebieten ausreichend Strom für knapp 4000 Elektroautos", sagt Kamm. Eine Million Elektroautos würden den Stromverbrauch in Deutschland lediglich um ein halbes Prozent erhöhen. [80]

Auch die Fläche zur Energiegewinnung für ein Elektroauto ist kein Hindernis. „Ein durchschnittliches Elektroauto brauche etwa 2400 Kilowattstunden Strom pro Jahr. Das ließe sich problemlos mit einer 18 Quadratmeter großen Photovoltaik-Anlage erzeugen, ‚das hat Platz auf einem Garagendach‘, so Raimund Kamm, der bayerische Landesvorsitzende des Bundesverbands Windenergie." [81] Die Forschungsstelle für Energiewirtschaft bestätigt, dass ein erhöhter Stromverbrauch durch Elektroautos in Zukunft kein Problem darstellt: „Auch in der nahen Zukunft mit deutlich höherem Anteil an Elektroautos ist im gesamtdeutschen Kontext die notwendige Leistung für Elektrofahrzeuge in 2030 nicht

---

[77] o.V., 2017d
[78] o.V., 2017h
[79] o.V., 2017h
[80] o.V., 2017h
[81] Neißendorfer, Michael, 2017

besonders hoch. Sie beträgt mit ca. 1 GW (Jahresmaximum 1,5 GW) lediglich 1,4 % der gesamtdeutschen Last in Höhe von 60-80 GW. Sie ist jedoch hoch genug, um Sekundärdienstleistungen – wie z.B. Regelleistungsbereitstellung – im Jahr 2030 anbieten zu können."[82]

Doch das Stromnetz könnte an Grenzen stoßen, zum Beispiel an Tagen oder zu Zeiten an denen viele Leute auf einmal laden möchten, wie Ferienbeginn oder Feierabend. Dafür gibt es Überlegungen zu Modellen, wie diese Überlastung verhindert werden kann. Für die meisten der Autofahrer ist es nicht relevant, ob sie ihr Auto bis 21 Uhr oder bis 6:30 Uhr aufgeladen haben. Intelligente Ladesysteme können solche Überlastungen, vermeiden, indem sie die Ladeleistung je nach Netzlast dynamisch steuern. Wird das konsequent umgesetzt, könnten Elektroautos zu einer Steigerung der Netzeffizienz beitragen und die Netzstabilität sogar verbessern, insbesondere dann, wenn die Akkus der Fahrzeuge als Puffer für das Netz genutzt würden. Die aufgenommene Energie in den Akkus zu Niedriglast-Zeiten, etwa in der Nacht, könnte zu Hochlast-Zeiten bei Bedarf zurück ins Netz gegeben werden. Eine solche intelligente Steuerung, kann dazu beitragen, dass die Elektromobilität das Stromnetz sogar deutlich entlastet.[83] Zudem ist natürlich zu beachten, dass die Anzahl der Elektroautos nicht sprunghaft sondern langsam steigt, und mit dem Wachstum Erfahrungen gesammelt werden können.

6. Kosten

Im Allgemeinen wird angenommen Elektroautos sind mit hohen Kosten verbunden. Bei den Kosten muss man nicht nur den Anschaffungspreis betrachten, sondern auch die Wartungskosten sowie die Betriebskosten. Zurzeit sind Elektroautos in der Anschaffung noch deutlich teurer als Autos mit Verbrennungsmotoren. Der Preis variiert zurzeit zwischen 21.800 Euro (Peugeot iOn) und 156.000 Euro (Tesla Model X).[84] Das Auto an sich ist eigentlich günstiger in der Herstellung, da es kein Getriebe, keine Kupplung und einen viel unkomplizierteren Motor hat. Der Preis entsteht durch die teure Batterie.[85] Die Kosten für Lithium-Ionen-Batterien sind aber bereits von 2010 bis 2016 um etwa 80 Prozent gesunken (Von 1000 Euro pro Kilowattstunde auf 200 Euro pro Kilowattstunde) [86] und werden in Zukunft noch weiter sinken. Ab einem Preis von 130 Euro pro Kilowattstunde werden

[82] Nobis, Philipp/ Fischhaber, Sebastian, 2015
[83] Vgl. Viehmann, Sebastian, 2017
[84] Vgl. Köslich, Dietmar / Mayer, Andreas, 2017, S.91-94
[85] Vgl. Karle, Anton, 2016, S.74
[86] Vgl. Reuß, Lena, 2017

Elektroautos und Verbrenner Kostengleichheit erreichen.[87] „Wir erwarten, dass 2025 der Wendepunkt sein wird, an dem die Kosten eines Elektroautos mit denen eines vergleichbaren Fahrzeugs mit Verbrennungsmotor gleichauf liegen werden", sagte Schillaci im Interview mit der Wirtschaftszeitung Financial Times.[88]

Ein Elektroauto hat geringere Wartungskosten. Es benötigt kaum Motorwartung, der Verschleiß ist deutlich geringer und die Lebensdauer sehr lang, da im Auto weniger bewegliche sowie mechanische Teile verbaut sind.[89]

Die Betriebskosten für 100 km betragen 4,50 Euro an Stromkosten (16,5 kWh/100km x 0,27 Euro/kWh). Für Benzin zahlt man im Vergleich 9,1 Euro (7 l/100km x 1,3 Euro/l).

Bezieht man auch noch die Förderung vom Staat mit 4000 Euro Umweltbonus[90], die Steuerbefreiung für 10 Jahre und die niedrigen Haltungskosten mit ein, so sind manche Elektromodelle heute schon kostengünstiger als normale Autos. Der ADAC vergleicht jedes Jahr verschiedene Elektroautos mit vergleichbaren Verbrenner Modellen. In dieser Studie waren vier Modelle, wie z.B. der E-Golf von VW, heute schon günstiger. Laut der Untersuchung des ADAC zahlt man im E-Golf 63,2 Cent pro Kilometer, wenn man 10.000 km im Jahr fährt. Im Benziner sind es 63,5 Cent, im Diesel 68,9 Cent.[91]

Auch für Lieferwagen im innerstädtischen Bereich konnte gezeigt werden, dass kleine elektrische Lieferfahrzeuge bereits günstiger als herkömmliche Fahrzeuge sind.[92] Bezüglich der Anschaffungskosten kommt im Sommer 2018 ein elektrischer Kleinwagen „e.GO" für 11.900 Euro nach Abzug des Umweltbonus auf den Markt und ist somit vergleichbar mit einem herkömmlichen Kleinwagen.[93]

7. Zukunftsfähigkeit

7.1. Zukunftsentwicklung in Politik, Wirtschaft und Industrie

Gerade die Politik ist daran interessiert, dass Deutschland in Zukunft vermehrt auf Elektromobilität wechselt, um die Energiewende auch im Verkehr umzusetzen. In vielen Bereichen ist Deutschland Vorreiter bezüglich der Nachhaltigkeit. Nur im Verkehr ist es noch kein gutes Vorbild. Das große Ziel der Politik ist, dieses durch verschiedene

---

[87] Vgl. Kaindl, Franziska, 2017
[88] o.V., 2018d
[89] Vgl. Karle, Anton, 2016, S.23
[90] Vgl. Bundesamt für Wirtschaft und Ausführkontrolle, 2018
[91] Vgl. ADAC, 2018
[92] Vgl. o.V., 2016
[93] Vgl. e.GO Mobile, 2018

Förderprogramme zu ändern, damit Deutschland sich zu einem „Leitmarkt Elektromobilität"
entwickelt.[94] Auch der Druck von Seiten des Europaparlaments lässt die Politik aktiv
werden. Ab 2020 gilt eine neue Obergrenze des durchschnittlichen CO_2- Ausstoßes von
95g/km für Neuwagen in der Europäischen Union.[95] Nach Angaben des Kraftfahrt-
Bundesamts lag der Durchschnitt aller Neuwagen 2017 bei 127,9g/km.[96] Ein Einhalten der
Vorgaben wird nicht möglich sein, da die Emissionen im Verkehr in den letzten Jahren
wieder angestiegen sind, zuletzt über das Niveau von 1990 (s. Abb. 4).[97]

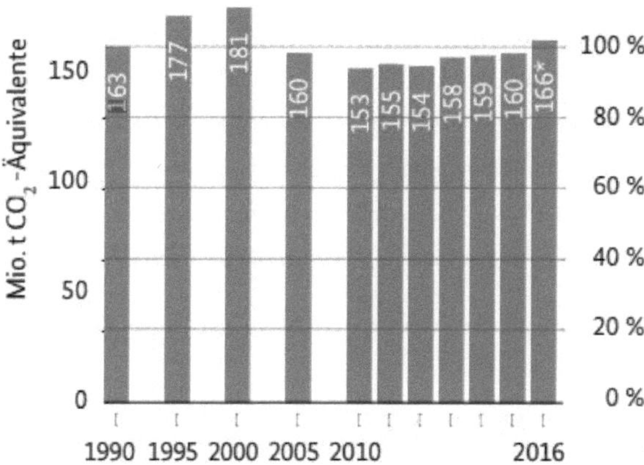

Abb. 4: Emissionsentwicklung im Verkehr seit 1990.[98]

Die CDU und die SPD wollen den Kauf von Elektroautos und auch von elektrischen
Dienstwagen in Unternehmen fördern. Außerdem soll der Bau von gewerblichen und
privaten Ladestationen mit jährlich 100 Millionen Euro vorangetrieben werden.[99] Im
Wahlkampf 2017 formulierten die Grünen, dass sie ab 2030 nur noch emissionsfreie
Neuwagen zulassen wollten.[100] Das angestrebte Ziel der Bundesregierung war, dass bis zum
Jahre 2020 eine Million Elektrofahrzeuge in Deutschland zugelassen sein sollten.[101] Dieses

---

[94]Vgl. Karle, Anton, 2016, S. 203
[95]Vgl. Karle, Anton, 2016, S. 169
[96]Vgl. Kaftfahrt-Bundesamt, 2018
[97]Vgl. Bundesministeriums für Umwelt, Naturschutz, Bau und Reaktorsicherheit, 2017b
[98]Vgl. Bundesministeriums für Umwelt, Naturschutz, Bau und Reaktorsicherheit, 2017b
[99]Vgl. o.V., 2018e
[100] Vgl. Bündnis 90/ Die Grünen, 2017
[101]Vgl. Karle, Anton, 2016, S.5

Ziel hat die Bundesregierung mittlerweile zurückgenommen. Die Politik will aber trotzdem, dass Deutschland bei der Elektromobilität zum Vorreiter wird.[102]

Auch die Industrie plant, in den nächsten Jahren mehrere Milliarden Euros in die Entwicklung von Elektroautos zu investieren. Zum Beispiel will Volkswagen mehr als 34 Milliarden Euro bis 2022 in den Umbau zu einem führenden Anbieter von Elektroautos, Selbstfahr-Technologie und Mobilitätsdiensten aufwenden, und zudem soll 2025 etwa jedes vierte neue Fahrzeug von VW von einer Batterie angetrieben werden.[103] Auch Daimler möchte 2025 zwischen zehn und 25 Prozent der Produktion auf Elektrofahrzeuge umgestellt haben. Volkswagen möchte dann eine Million Elektroautos pro Jahr verkaufen.[104]

Ein Beratungsunternehmen und die Gewerkschaft IG Metall rechnen damit, dass 2030 ein Drittel aller Autos in Deutschland Elektroautos sind.[105]

Führende Vertreter der deutschen Automobilindustrie gehen von 15 bis 25 Prozent BEV der Pkw-Neuzulassungen im Jahr 2025 aus.[106] Gerade dieses Engagement seitens der Politik und Wirtschaft schafft gute Voraussetzungen für eine Zukunftsfähigkeit des Elektroautos.

7.2. Zukünftige Einsatzgebiete

In Bezug auf die Ökologie, Reichweite, Ladeinfrastruktur und Kosten ergeben sich folgende zukünftige Einsatzgebiete für Elektroautos in bestimmten Zeitabschnitten.

In den nächsten 2-3 Jahren:

Gerade Pendler, die zu Hause oder bei der Arbeit laden können und eine Strecke bis 80km zurücklegen müssen, können die Vorteile der Elektroautos nutzen. Aber auch Pflegedienste, Zulieferdienste oder Handwerker könnten heute schon problemlos auf Elektroautos umsteigen. Durch ihre vielen Kurzfahrstrecken benötigen sie keine große Reichweite und sind auch für Firmen auf Dauer günstiger. So hat der Caritasverband für die Regionen Aachen 140 Elektroautos bestellt und weitere 3.000 Pflegefahrzeugen in Nordrhein-Westfalen verbindlich vorreserviert.[107]

Lieferdienste, wie z.B. die Post, können heute schon auf die Technik wechseln und davon profitieren. Die Deutsche Post liefert ihre Pakete bereits mit 5.500 vollelektrischen

---

[102]Vgl. o.V., 2018b
[103]Vgl. o.V., 2017i
[104] Vgl. o.V., 2017c
[105] Vgl. Charisius, Hanno/ Hägler, Max/ Weiß, Marlene, 2017
[106] Vgl. Mortsiefer, Henrik, 2017
[107] Vgl. Verholen, Bernhard, 2017

StreetScootern aus.[108] Weitere Lieferdienste wie Hermes oder UPS möchten in Zukunft umsteigen.[109] Gerade in diesem Einsatzgebiet, im Stop-and-go-Verkehr, ist das Elektroauto effizienter. Auch für tägliche, private Stadtfahrten ist das Elektroauto eine Möglichkeit und einfach umsetzbar.

In 5- 10 Jahren:

In diesem Zeitraum erwartet man eine deutliche technische Verbesserung der Reichweite, der Aufladegeschwindigkeit sowie der Batteriekapazität. Auch das Ladenetz wird sich durch die bereits geplanten politischen Förderprogramme weiterhin vergrößern und zu einem engmaschigen Schnelladenetz beitragen. Immer mehr Arbeitgeber haben bis dahin Ladesäulen installiert.

Experten rechnen mit einer Kostengleichheit in spätestens 2025.[110] Das Elektroauto ist dann auch für Langstrecken wie Urlaubsfahrten oder Geschäftsfahrten geeignet und wird im Laufe des nächsten Jahrzehnts somit in fast allen Einsatzgebieten konkurrenzfähig. Somit können auch die umwelt-politischen Rahmenbedingungen erfüllt werden.

Der Physiker Richard Randoll hat eine interessante Rechnung erstellt. Er sagt „Ein Technologiewandel dauert genau so lang, wie die Lebensdauer des alten Produktes ist. Ein Beispiel: Die Durchschnittslebensdauer eines Handys liegt bei vier Jahren. Wenn Ihr altes Mobiltelefon nach vier Jahren kaputtgegangen ist, und es auf dem Markt bereits Smartphones gibt, werden Sie überlegen, ob Sie nicht auf die neue Technologie, also das Smartphone, umsteigen. Bei Verbrennungsfahrzeugen rechnet man mit einer mittleren Lebensdauer von 15 Jahren. Nimmt man wieder den Marktstart des Leaf, also das Jahr 2011, wäre im Jahr 2026 der Technologiewandel zum E-Auto geschafft."[111] Diese Rechnung hat er mit zahlreichen weiteren Entwicklungen in der Vergangenheit belegt, z.B. vom Holzsegelschiff zum Stahldampfschiff, von der Dampflok zur Elektrolok, vom Röhrenbildschirm zum Flachbildschirm, von der Analogfotografie zur Digitalfotografie und weitere. Zudem rechnet er vor, dass seit 2011 sich der Bestand der Elektroautos weltweit alle 15 Monate verdoppelt und zeigt damit, dass das E-Auto 2026 den Verbrennungsmotor weitgehend ersetzen wird.[112]

---

[108] Vgl. Rudschies, Wolfgang/ Kroher, Thomas, 2017
[109] Vgl. Bönnighausen, Daniel, 2018
[110] Vgl. o.V., 2018d
[111] Randoll, Richard, 2017
[112] Randoll, Richard, 2017

Hier ist zu beachten, dass dies nur eine Vision ist, die auf vergangenen Erfahrungen basiert. Wie es in Zukunft wirklich aussehen wird und wann das Elektroauto den Markt erobert, weiß keiner so genau.

8. Fazit

Das Elektroauto ist keine „Wunderlösung". Es rettet alleine nicht die Umwelt. Es braucht bei der Produktion und durch den Stromverbrauch ebenfalls Energie, wodurch auch CO_2 ausgestoßen wird. Doch kann das Elektroauto einen Beitrag zum Umweltschutz leisten, da es heute schon über die gesamte Lebensdauer gerechnet ökologischer als Autos mit Verbrennungsmotoren ist. Vor allem in den durch Verkehr belasteten Ballungszentren kann es lokal schon zur Schadstoffverringerung beitragen sowie zu einer besseren Luft und zu einer ruhigeren Innenstadt. Mit Zunahme des Anteils der erneuerbaren Energien am deutschen Stromnetz wird seine ökologische Bilanz im Gesamten in Zukunft immer besser. Zum jetzigen Zeitpunkt eignet sich das Elektroauto noch nicht für jedermann. Es bestehen noch Defizite bei der Reichweite und der Ladeinfrastruktur. Die Kosten variieren noch stark. Doch gibt es schon Einsatzgebiete, in denen es heute rentabel ist z.B. im innerstädtischen Gebrauch, insbesondere bei Dienstleistungen, wie zum Beispiel Pflegedienste, Taxi und Lieferdienste. Aber auch Privatpersonen können Elektroautos für Kurzstreckenfahrten und Pendelstrecken gut nutzen.

Das Elektroauto wird im Laufe der nächsten 10 Jahre konkurrenzfähig und sich mit hoher Wahrscheinlichkeit durchsetzen. Die angekündigten große Investitionen und Forschungen in der Industrie sowie Förderungen seitens der Politik führen zu technischen und ökologischen Verbesserungen und werden die Nachteile aufheben. Die Vorteile der Effizienz und der Umweltfreundlichkeit werden dann überwiegen und die Zukunftsfähigkeit des Elektroautos bestätigen.

Für eine schnellere Entwicklung und zur weiteren Verbreitung der Elektroautos müssen aber nicht nur die bestehenden Nachteile beseitigt werden, auch Information, Wissen und Interesse muss in der Bevölkerung verbreitet werden, denn mangelnde Erfahrung und negative Einschätzungen führen oft zu Vorurteilen.

Literaturverzeichnis

ADAC (Hrsg.): Was kosten die neuen Antriebsformen? Kostenvergleich E-Fahrzeuge + Plug-In Hybride gegen Benziner und Diesel. 01.2018 https://www.adac.de/_mmm/pdf/E-AutosVergleich_260562.pdf (zuletzt abgerufen am 07.03.2018)

Al Barazi, Siyamend / Näher, Uwe / Vetter, Sebastian u.a.,: Kobalt aus der DR Kongo-Potenziale. 2017 https://www.bgr.bund.de/DE/Gemeinsames/Produkte/Downloads/Commodity_Top_News/Rohstoffwirtschaft/53_kobalt-aus-der-dr-kongo.pdf;jsessionid=E1D76EE928A85FBCA16E2A791D8E92CD.1_cid292?__blob=publicationFile&v=10 (zuletzt abgerufen am 21.03.2018)

Amnesty International (Hrsg.): TIME TO RECHARGE. 11.2017 https://www.amnesty.de/sites/default/files/2017-11/Amnesty-Bericht-Kongo-November2017.pdf (zuletzt abgerufen am 24.01.2018)

Anderson, John E.: Konzept zum Aufbau einer bedarfsgerechten Ladeinfrastruktur in Deutschland von heute bis 2020. 15.12.2016 http://elib.dlr.de/111054/2/LADEN2020_Schlussbericht.pdf (zuletzt abgerufen am 07.03.2018)

Bläske, Gerd: Bewegung auf dem Markt. Schwäbische Post 20.03.2018

Bundesministeriums für Umwelt, Naturschutz, Bau und Reaktorsicherheit (Hrsg.): Klimaschutz in Zahlen: Der Sektor Verkehr. 03.2017a https://www.bmub.bund.de/fileadmin/Daten_BMU/Download_PDF/Klimaschutz/klimaschutz_in_zahlen_verkehr_bf.pdf (zuletzt abgerufen am 05.03.2018)

Bundesministeriums für Umwelt, Naturschutz, Bau und Reaktorsicherheit (Hrsg.): Wie klimafreundlich sind Elektroautos? 2017 http://bmub.bund.de/fileadmin/Daten_BMU/Download_PDF/Verkehr/emob_klimabilanz_2017_bf.pdf (zuletzt abgerufen am 02.03.2018)

Bundesamt für Wirtschaft und Ausführkontrolle (Hrsg.): Elektromobilität (Umweltbonus). 07.03.2018 http://www.bafa.de/DE/Energie/Energieeffizienz/Elektromobilitaet/elektromobilitaet_node.html (zuletzt abgerufen am 12.03.2018)

Bönnighausen, Daniel: UPS & Workhorse entwickeln neue E-Lieferfahrzeuge. 24.02.2018 https://www.electrive.net/2018/02/24/ups-workhorse-entwickeln-neue-e-lieferfahrzeuge/ (zuletzt abgerufen am 01.03.2018)

Charisius, Hanno/ Hägler, Max/ Weiß, Marlene: Abgasfrei 2030: Wie der Verkehr der Zukunft aussehen könnte. Süddeutsche Zeitung 18.08.2017 http://www.sueddeutsche.de/wirtschaft/e-mobilitaet-abgasfrei-wie-der-strassenverkehr-der-zukunft-aussehen-koennte-1.3631999 (zuletzt abgerufen am 19.02.2018)

Duran Ortiz, Mario Roberto: Elektroauto- und Plug-in-Hybrid-Absatz in Deutschland zwischen 2010 und 2017. 2018 https://de.wikipedia.org/wiki/Elektroauto#/media/File:PEV_Registrations_Germany_2010_2014.png (zuletzt abgerufen am 25.03.2018)

European Alternative Fuels Observatory (Hrsg.): Electric vehicle charging infrastructure. 2018 http://www.eafo.eu/electric-vehicle-charging-infrastructure (zuletzt abgerufen am 19.02.2018) e.GO Mobile AG (Hrsg.): e.Go life. 07.03.2018 http://www.e-go-mobile.com (zuletzt abgerufen am 07.03.2018)

Freistetter, Florian: Katalysatoren im Auto können auch schädlich sein. 17.10.2012 http://www.forschungs-blog.de/katalysatoren-im-auto-konnen-auch-schadlich-sein/ (zuletzt abgerufen am 11.03.2018)

GoingElectric (Hrsg.): Stromtankstellen Statistik. 07.03.2018 https://www.goingelectric.de/stromtankstellen/statistik/ (zuletzt abgerufen am 07.03.2018)

Greenpeace (Hrsg.): Wie steht`s mit dem E-Auto? 2017 https://www.greenpeace.de/themen/energiewende/mobilitaet/wie-stehts-mit-dem-e-auto (zuletzt abgerufen am 09.03.2018)

Hall, Dale/ Lutsey, Nic: Effects of battery manufacturing on electric vehicle life-cycle greenhouse gas emissions. 09.02.2018 https://www.theicct.org/publications/EV-battery-manufacturing-emissions (zuletzt abgerufen am 08.03.2018)

Hempel, Christopher: Richtig Pause machen. 07.03.2008 http://www.t-online.de/auto/technik/id_14458230/richtig-pause-machen.html (zuletzt abgerufen am 15.03.2018)

Industrie- und Handelskammer: Stromtankstellen. 13.03.2018 https://www.ostwuerttemberg.ihk.de/produktmarken/Innovation-und-Umwelt/Elektromobilitaet/stromtankstelle/3293542#titleInText0 (zuletzt abgerufen am 29.12.2017)

Kaftfahrt-Bundesamt (Hrsg.): Neuzulassungen. 07.03.2018 https://www.kba.de/DE/Statistik/Fahrzeuge/Neuzulassungen/neuzulassungen_node.html (zuletzt abgerufen am 07.03.2018)

Kaindl, Franziska: Das sollten Sie über Elektroauto-Batterien wissen. tz 21.12.17 https://www.tz.de/auto/elektroauto-batterien-alles-preise-rohstoffe-lebensdauer-zr-9423235.html (zuletzt abgerufen am 17.03.2018)

Karle, Anton: Elektromobilität Grundlagen und Praxis. München 2016

Köslich, Dietmar / Mayer, Andreas: Neuwagenübersicht. elektro auto mobil, A-Linz, Ausgabe 10/11/2017

Lienkamp, Markus: Energiepolitischer Workshop Elektromobilität Mobilität der Zukunft? 12.07.2017 https://www.youtube.com/watch?v=5moHQFbEsDU (zuletzt abgerufen am 10.03.2018)

Lienkamp, Markus: Status Elektromobilität 2016 oder wie Tesla nicht gewinnen wird. 2016 (o.O.) https://www.researchgate.net/publication/304247929 (zuletzt abgerufen am 10.03.2018)

Maehner, Julia: Samsungs neuer Super-Akku: Schneller, weiter, besser. 13.06.2017http://www.chip.de/news/Samsung-stellt-Super-Akku-fuer-Elektroautos-vor-E-Autos-mit-mehr-Reichweite_107202990.html (zuletzt abgerufen am 10.03.2018)

Mortsiefer, Henrik: Deutsche Autohersteller bauen Ladenetz für E-Autos. Tagesspiegel 29.11.2016 https://www.tagesspiegel.de/wirtschaft/e-mobilitaet-deutsche-autohersteller-bauen-ladenetz-fuer-e-autos/14911234.html (zuletzt abgerufen am 02.03.2018)

Nagl, Anna: Ergebnisbericht! Geschäftsmodelle GreenOstalb. 2014 http://www.green-ostalb.de/images/go_ergebnisbericht.pdf (zuletzt abgerufen am 20.02.2018)

Neißendorfer, Michael: Warum das Stromnetz von morgen Elektroautos braucht. Süddeutsche Zeitung 17. 10. 2017 http://www.sueddeutsche.de/auto/smart-grid-warum-das-stromnetz-von-morgen-elektroautos-braucht-1.3707189 (zuletzt abgerufen am 09.03.2018)

Nobis, Philipp/ Fischhaber, Sebastian: Belastung der Stromnetze durch Elektromobilität. 01.2015 https://www.ffe.de/download/article/543/Belastung_der_Stromnetze_durch_Elektromobilitaet.pdf (zuletzt abgerufen am 05.03.2018)

Öko-Institut e.V. (Hrsg.): Seltene Erden – Daten & Fakten. 01.2011 https://www.oeko.de/fileadmin/pdfs/oekodoc/1110/2011-001-de.pdf (zuletzt abgerufen am 24.01.2018)

o.V: ADAC-Studie: Elektroauto hat „Top CO2-Bilanz in der Kompaktklasse". 20.03.2018a https://ecomento.de/2018/03/20/adac-studie-elektroauto-hat-top-co2-bilanz-in-der-kompaktklasse/ (zuletzt abgerufen am 22.03.2018)

o.V.: CO2-Ausstoß in Deutschland steigt. Süddeutsche Zeitung 16.3.2017a http://www.sueddeutsche.de/news/wissen/umwelt-co2-ausstoss-in-deutschland-steigt-dpa.urn-newsml-dpa-com-20090101-170316-99-682076 (zuletzt abgerufen am 09.01.2018)

o.V.: CO2-Grenzwerte werden zum Problem. FAZ 04.11.2017b http://www.faz.net/aktuell/wirtschaft/studie-co2-grenzwerte-mit-und-ohne-diesel-nicht-einzuhalten-15277087.html (zuletzt abgerufen am 29.12.2017)

o.V.: Elektroautos im Lieferverkehr lohnen sich (Studie). 02.06.2016 https://ecomento.de/2016/06/02/elektroautos-im-lieferverkehr-lohnen-sich-studie/ (zuletzt abgerufen am 07.02.2018)

o.V.: Experten-Befragung: Elektroautos brauchen verbindliche Vorgaben. 12.02.2018b https://ecomento.de/2018/02/12/experten-befragung-elektroauto-brauchen-verbindliche-vorgaben/ (zuletzt abgerufen am 23.02.2018)

o.V.: Nach Model-3-Unfall mit zersplittertem Display: Tesla-Chef kündigt Verbesserungen an. 19.02.2018c https://ecomento.de/2018/02/19/model-3-unfall-display-tesla-chef-kuendigt-verbesserungen-an/ (zuletzt abgerufen am 05.03.2018)

o.V.: Nissan-Manager: 2025 wird Wendepunkt für Elektroautos. 21.02.2018d https://ecomento.de/2018/02/21/nissan-manager-2025-wird-wendepunkt-fuer-elektroautos/#comments (zuletzt abgerufen am 07.03.2018)

o.V.: Risiko Elektroauto - Stromnetz am Limit? zdf 10.09.2017c https://www.zdf.de/dokumentation/planet-e/planet-e-risiko-elektroauto---stromnetz-am-limit-100.html (zuletzt abgerufen am 17.02.2018)

o.V.: Schnellladestationen im Kommen: Wie die Infrastruktur für Elektroautos massentauglich wird. 03.05.2017d https://www.mobilitaet-von-morgen.de/1-antriebstechnologien/schnellladestationen-im-kommen-wie-die-infrastruktur-fuer-elektroautos-massentauglich-wird (zuletzt abgerufen am 07.03.2018)

o.V.: So fährt sich VWs Elektroauto-Studie I.D. 03.03.2017e https://ecomento.de/2017/03/03/so-faehrt-sich-vws-elektroauto-studie-i-d-videos/ (zuletzt abgerufen am 07.03.2018)

o.V.: So sieht BMWs neuer Elektroauto-Antrieb aus. 29.11.2017f
https://ecomento.de/2017/11/29/so-sieht-bmws-neuer-elektroauto-antrieb-aus/ (zuletzt
abgerufen am 13.02.2018)

o.V.: SPD drängt auf stärkere Förderung von Elektromobilität. 12.02.2018e
https://ecomento.de/2018/02/12/spd-draengt-auf-staerkere-elektroauto-foerderung/ (zuletzt
abgerufen am 26.02.2018)

o.V.: US-Behörde NHTSA: Elektroauto Tesla Model X ist das sicherste SUV. 13.06.2017g
https://ecomento.de/2017/06/13/tesla-model-x-nhtsa-crashtests-sicherheit-2017-elektroauto/
(zuletzt abgerufen am 29.12.2017)

o.V.: Verbände: Elektroautos keine Gefahr fürs Stromnetz. Süddeutsche Zeitung 24.09.2017h
http://www.sueddeutsche.de/news/wirtschaft/auto---berlin-verbaende-elektroautos-keine-
gefahr-fuers-stromnetz-dpa.urn-newsml-dpa-com-20090101-170924-99-179468 (zuletzt
abgerufen am 07.03.2018)

o.V.: Zahl der E-Autos steigt weltweit deutlich. 15.02.2018f
https://www.heise.de/newsticker/meldung/Zahl-der-E-Autos-steigt-weltweit-deutlich-
3970018.html (zuletzt abgerufen am 12.03.2018)

o.V.: 34 Milliarden bis Ende 2022: Volkswagen-Konzern investiert massiv in seine Zukunft.
20.11.2017i https://ecomento.de/2017/11/20/34-milliarden-bis-ende-2022-volkswagen-
investiert-massiv-in-seine-zukunft/ (zuletzt abgerufen am 07.03.2018)

Randoll, Richard: "2026 kommt das Aus für den Verbrennungsmotor". Spiegel 17.09.2017
http://www.spiegel.de/auto/aktuell/elektromobilitaet-der-durchbruch-kommt-2022-a-
1166688.html (zuletzt abgerufen am 03.03.2018)

Reuß, Lena: Das muss man über Batterien für E-Autos wissen. Autozeitung 24.10.2017
https://www.autozeitung.de/elektroauto-akku-191698.html (zuletzt abgerufen am 10.03.2018)

Rössel, Conrad: Elektromobilität : Möglichkeiten vs. Missverständnisse und Irrtümer. Vortrag
Aalen 20.2.2018

Rudschies, Wolfgang/ Kroher, Thomas: Was Sie 2018 über Elektroautos wissen müssen. 8.12.2017
https://www.adac.de/der-adac/motorwelt/reportagen-berichte/auto-
innovation/elektromobilitaet-2018/ (zuletzt abgerufen am 13.03.2018)

Schrader, Christopher: Ein kritischer Blick. Spektrum 04.11.2017
http://www.spektrum.de/news/wie-ist-die-umweltbilanz-von-elektroautos/1514423 (zuletzt
abgerufen am 29.12.2017)

Sorge, Nils-Viktor: Darum ist ein fetter Tesla sauberer als ein kleiner Ford. Manager Magazin
24.11.2017 http://www.manager-magazin.de/unternehmen/autoindustrie/tesla-laut-elektroauto-
oekobilanz-sauberer-als-ford-fiesta-a-1177177-3.html (zuletzt abgerufen am 09.03.2018)

Tuil, Marie: E-Autos - dreckiger als gedacht. Süddeutsche Zeitung 23.11.2015
http://www.sueddeutsche.de/auto/zwiespaeltige-umweltbilanz-e-autos-dreckiger-als-gedacht-
1.2748493 (zuletzt abgerufen am 23.01.2018)

Umweltbundesamt (Hrsg.): Wie viel CO2 verursacht eine Kilowattstunde Strom im deutschen
Strommix? 23.05.2017 https://www.umweltbundesamt.de/themen/klima-
energie/energieversorgung/strom-waermeversorgung-in-
zahlen?sprungmarke=Strommix#textpart-1 (zuletzt abgerufen am 03.03.2018)

Verholen, Bernhard: Caritas setzt auf Elektroautos für die ambulante Pflege. 15.11.2017 https://www.caritas.de/neue-caritas/heftarchiv/jahrgang2017/artikel/caritas-setzt-auf-elektroautos-fuer-die-ambulante-pflege (zuletzt abgerufen am 10.02.2018)

Viehmann, Sebastian: Sind sie wirklich umweltfreundlicher? Sieben überraschende Wahrheiten über Elektroautos. Focus 28.07.2017 https://www.focus.de/auto/elektroauto/der-faktencheck-zum-e-auto-wahr-oder-unwahr-sieben-mythen-ueber-elektroautos-und-was-wirklich-dahinter-steckt_id_7403300.html (zuletzt abgerufen am 01.03.2018)

Vieweg, Christof: Kein Strom an der Tanke. 17.07.2017 http://www.zeit.de/mobilitaet/2017-07/elektromobilitaet-elektroautos-ladestation-tankstellen-foerderung (zuletzt abgerufen am 07.03.2018)